실내 경기장의 지붕은 왜 모두 둥그런 모양일까요?
아파트는 왜 한결같이 썰어 놓은 두부처럼 생겼을까요?
여러분이 당연하게 생각하는 모든 건축물에는
매우 과학적인 비밀이 숨어 있답니다.

튼튼한 집을 짓자!
건축의 발달

박병철 글 | 이니드 그림

휴먼
어린이

하지만 식량이 떨어지면 금방 다른 곳으로 이사를 가야 했기 때문에
집을 예쁘게 꾸밀 필요가 없었습니다.
심지어 오두막에 살던 사람들은 이사 갈 때마다 집을 새로 짓기가 번거로워서
살던 집을 낱낱이 뜯어내서 들고 다니기도 했답니다.

그러다가 7000년쯤 전부터 농사를 짓기 시작하면서
사람들은 더 이상 돌아다니지 않고 한곳에서 오랫동안 살게 되었습니다.
그러면서 당연히 집에 신경을 많이 쓰게 되고,
집을 예쁘게 꾸미는 기술도 나날이 좋아졌지요.
그리고 농사를 지으려면 사람이 많이 필요하기 때문에
여럿이 함께 모여 살면서 마을이 생겨나기 시작했습니다.

옛날이나 지금이나, 사람들이 모여 살다 보면 문제가 생기기 마련입니다.
그럴 때마다 사람들은 한자리에 모여서 의견을 나눴고,
마을 사람들이 다 모이려면 아주 큰 건물이 필요했지요.
하지만 옛날에 큰 건물을 짓는 기술이라곤
커다란 바위를 차곡차곡 쌓아 올리는 것이 전부였습니다.

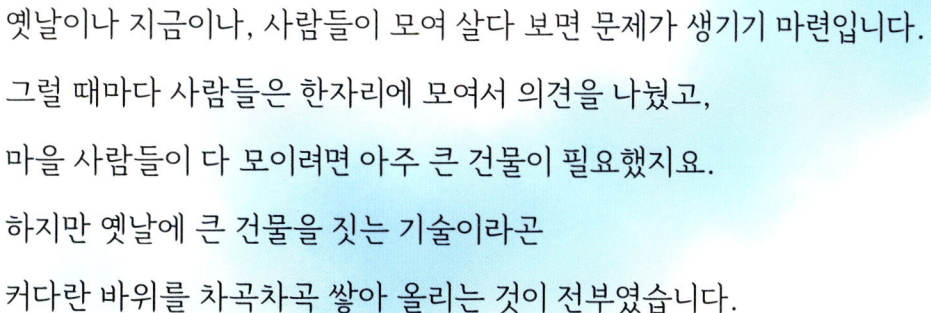

여러분은 이해하기 어려울 수도 있겠지만,
옛날 사람들은 살아 있을 때보다 죽은 후의 세상을 더 중요하게 여겼습니다.
특히 이집트 사람들은 이런 믿음이 너무 강해서
사람이 죽으면 저세상에서 잘 살도록 미라˙로 만들었지요.
돈이 많은 부자들은 커다란 무덤을 지어서 미라를 보관했는데,
그중에서 제일 큰 무덤이 바로
이집트의 '기자'라는 곳에 있는 **대피라미드**랍니다.

● **미라**　죽은 사람의 몸에 약품을 발라서 오랫동안 썩지 않고 보존되게 만든 것.

이집트와 멀리 떨어져 있는 남아메리카 대륙에도
비슷한 피라미드가 있습니다.
이곳의 피라미드는 무덤이 아니라 신을 모시는 제단인데,
이집트의 피라미드와 아주 비슷하게 생겼답니다.
그래서 사람들은 아득한 옛날에
이집트와 남아메리카 사람들이 서로 왕래를 했다거나,
외계인이 피라미드를 지어 주었다는 등 온갖 상상을 펼치고 있지요.

하지만 이런 것은 모두 헛소문일 뿐입니다.

기술이 덜 발달했던 옛날에 높은 건물을 튼튼하게 지으려면

아래쪽이 넓고 위로 갈수록 좁아지는 모양으로 만들 수밖에 없었습니다.

또 옛날에는 왕의 명령이 곧 하늘의 명령이었기 때문에,

일꾼을 많이 모아서 오랫동안 일을 시키기도 쉬웠을 겁니다.

짓기 어렵긴 하지만, 불가능하지도 않았다는 뜻이지요.

피라미드는 안에 사람이 들어가는 건물이 아니었습니다.
실제로 피라미드 안은 대부분이 커다란 바위로 꽉 차 있답니다.
건물 안에 사람이 들어가려면 안쪽이 비어 있어야 하고,
안을 비우려면 완전히 다르게 건물을 지어야 합니다.
가장 간단한 방법은 돌로 벽을 쌓고, 그 위에 지붕을 얹는 것이지요.
그리고 밖에서 안이 들여다보이게 만들고 싶다면
벽 대신 기둥을 여러 개 세운 후 지붕을 얹으면 됩니다.
이렇게 지은 건물이 바로 그리스에 있는 **파르테논 신전**입니다.

돌로 만든 지붕은 엄청나게 무겁기 때문에
무너지지 않으려면 기둥을 많이 세워서 지붕을 떠받쳐야 합니다.
건물의 가장자리뿐만 아니라 안쪽에도 묵직한 기둥이 필요하지요.
하지만 기둥이 많으면 사람이 들어갈 자리가 좁아집니다.
다행히도 그리스의 신전은 '신을 모시는 집'이어서
신을 섬기는 특별한 사람만 들어갈 수 있었습니다.
그래서 기둥을 빽빽하게 세워도 문제가 없었지요.

지금으로부터 2000년 전에 세상에서 제일 힘센 나라는
유럽의 대부분을 차지했던 **로마 제국**이었습니다.
그런데 나라가 크면 사람들의 생각을 하나로 모으기가 쉽지 않지요.
이런 곳에서 사람들 사이의 싸움을 줄이려면
여러 사람이 모여서 의견을 나누는 장소가 있어야 합니다.
파르테논 신전처럼 기둥으로 꽉 막힌 건물이 아니라
안이 넓게 트여서 여러 사람이 들어갈 수 있는 건물이 필요했지요.

건물의 안을 넓게 만들려면 기둥의 수를 줄여야 합니다.
하지만 함부로 기둥을 줄였다간 지붕의 무게를 버티지 못해서
얼마 가지 않아 와르르 무너져 내릴 것입니다.
로마 사람들은 이 문제를 해결하기 위해 오랫동안 고민하다가
정말로 뛰어난 아이디어를 떠올렸습니다.
네모난 출입구를 둥그렇게 바꾼 **아치**와 아치를 길게 이어 붙인 **볼트**,
그리고 납작했던 지붕을 볼록하게 세운 **돔**이 바로 그것입니다.

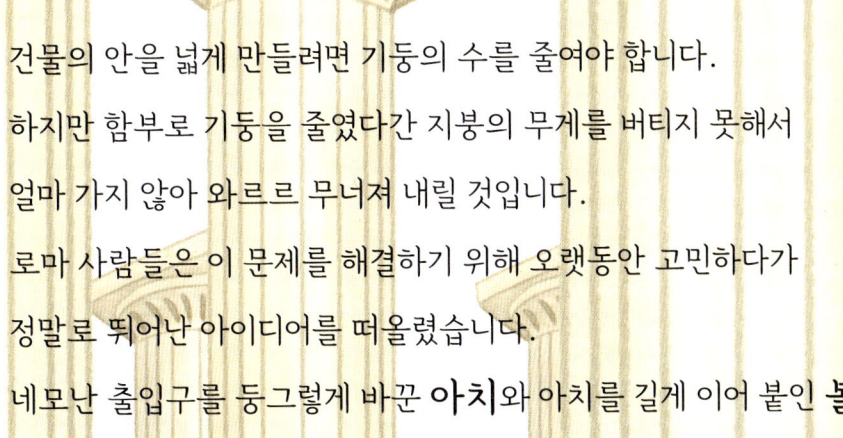

출입구를 넓게 만들겠다고 기둥 사이의 간격을 넓히면
그 위에 얹은 대들보는 자기 무게를 버티지 못하고 부러집니다.

이럴 때 대들보 대신 작은 돌 여러 개를 동그랗게 이어 붙이면
돌의 무게가 양쪽 기둥으로 집중되어 든든하게 버틸 수 있습니다.
이렇게 만든 것을 **아치**라고 하지요.

로마에 세워진 커다란 원형 경기장 **콜로세움**은
아치의 장점을 살린 대표적인 건물이었습니다.
이곳에서는 선수들이 진짜 무기를 들고 싸우는
무시무시한 격투가 벌어졌답니다. 로마 제국의 스포츠였지요.
하지만 아치로 에워싸인 콜로세움의 겉모습은
이 세상 어떤 건물 못지않게 웅장하고 아름답습니다.

그로부터 2000년이 지난 지금도
아치를 이용한 건물은 곳곳에 남아 있습니다.
그 유명한 파리의 개선문도 아치 모양이고,
우리나라에도 아치를 이용한 성문이 많이 있답니다.

심지어 요즘 지은 다리에서도 아치 모양을 쉽게 볼 수 있지요.
아치는 그저 건물을 이쁘게 짓는 수단이 아니라
기둥을 없애 주는 천재적인 발명품이라는 거, 꼭 기억하세요.

아치를 이용하면 기둥을 받치지 않고 넓은 문을 만들 수 있지만,
넓으면서 '긴' 통로를 만들려면 아치를 여러 개 이어 붙여야 합니다.
이렇게 만든 기다란 아치를 **볼트**라고 하지요.

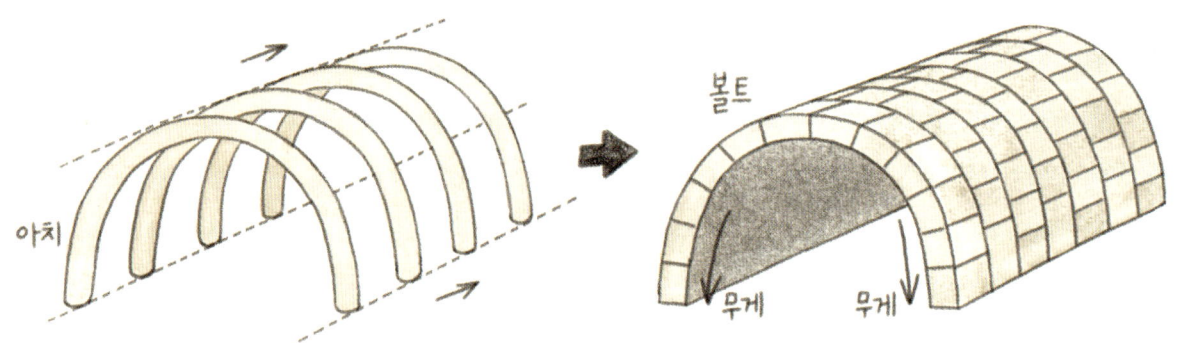

옛날에 지어진 큰 건물에는 볼트 모양의 통로가 곳곳에 나 있답니다.

그런데 이 풍경, 어디선가 본 것 같지 않나요?
네, 맞습니다. 현대에 만들어진 대부분의 **터널**이 이렇게 생겼지요.

터널은 자동차가 산 밑을 통과하도록 만든 기다란 굴인데, 그 위로 높은 산이 있으니까 엄청난 무게를 버텨야 합니다. 그런데 무게를 지탱하려고 터널 가운데에 기둥을 세우면 달리는 자동차가 부딪쳐서 사고가 날 수도 있습니다. 그래서 터널은 기둥을 세우지 않고도 무게를 버티기 위해 아치를 길게 연결한 볼트 모양으로 생겼답니다.

아치 모양으로 생긴 물건을 한 바퀴 돌리면
바가지처럼 볼록하게 튀어나온 지붕이 만들어집니다.

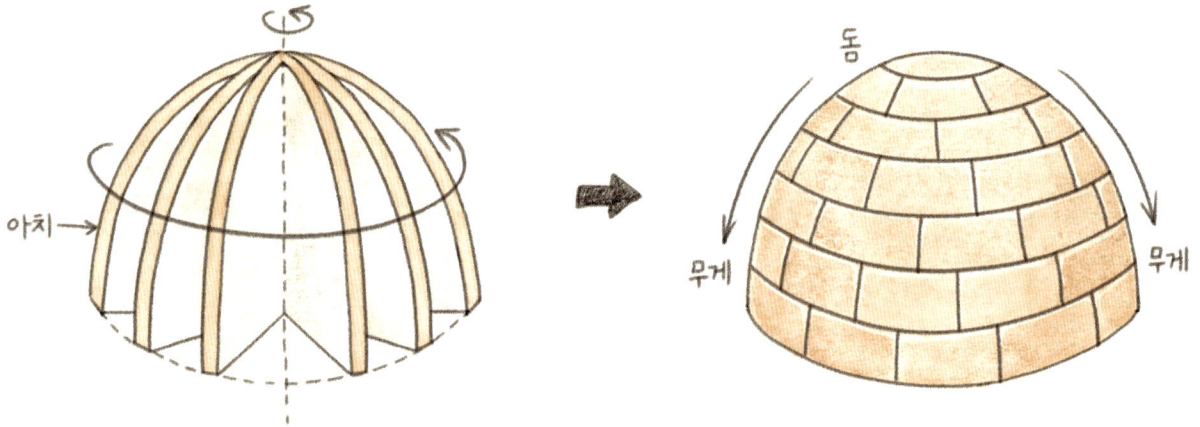

건물의 지붕을 이런 모양으로 지으면
지붕의 무게가 가장자리로만 쏠리기 때문에
가운데에 기둥을 따로 세우지 않아도 튼튼하게 버틸 수 있습니다.
이렇게 만든 둥그런 지붕을 **돔**이라고 하지요.

로마에 있는 **판테온 신전**은 돔을 이용한 대표적인 건물입니다.
돔의 폭이 무려 43미터나 되는데, 그 사이에 기둥이 하나도 없습니다.
이런 건물이 2000년 전에 지어졌다는 것도 놀랍지만,
2000년이 지난 지금도 튼튼하게 서 있다는 건 더욱 놀랍습니다.
돔으로 만든 크고 웅장한 건물은
로마 제국의 힘을 뽐내는 데 중요한 역할을 했답니다.

정말 크기도 하다.
근데 천장에 웬 구멍이 뚫려 있지?

빛이 들어와야 할 거 아냐.
옛날엔 유리를 만드는 기술이 없었거든.

돔을 이용한 건물은 지금도 지어지고 있습니다.
그런데 로마 시대의 전통이 아직도 남아 있는지,
주로 높은 사람들이 모이는 건물에 돔이 사용되고 있답니다.
한국과 미국의 국회 의사당이 대표적이지요.
사실 이런 건물은 굳이 돔 모양으로 지을 필요가 없습니다.
그냥 '위엄을 자랑하기 위해' 돔으로 꾸민 것뿐입니다.

에헴.

하지만 반드시 돔 모양으로 지어야 하는 건물도 있습니다.
실내에 기둥이 있으면 안 되는 건물, 뭐가 있을까요?
네, 그렇습니다. 바로 '실내 경기장'이지요.
운동 경기를 건물 안에서 하면 비가 와도 상관 없으니까 좋긴 한데,
경기장 한가운데에 기둥이 있다는 건 말이 안 되지요.
바로 이런 곳에 돔의 원리를 적용하면
기둥을 하나도 세우지 않고 넓은 운동장에 지붕을 덮을 수 있습니다.
그래서 사람들은 실내 경기장을 '돔 구장'이라고 부른답니다.

종교를 믿는 사람은 요즘도 많이 있지만
옛날 사람들에게는 종교가 가장 중요했습니다.
그래서 로마 사람들이 기독교를 믿기 시작한 후로
유럽에 지어진 큰 건물은 대부분이 성당이었습니다.
하지만 아직은 건축 기술이 발달하기 전이어서
100미터가 넘는 높은 건물을
오로지 '사람의 힘'만으로 지었답니다.

게다가 건물의 벽과 천장을 아름답게 꾸미는 데
어찌나 정성을 들였는지,
성당 하나를 짓는 데 20~30년은 보통이고
100년이 넘게 걸리기도 했지요.

큰 건물을 지으려면 땅이 단단해야 합니다.
특히 돌로 지은 건물은 엄청나게 무겁기 때문에
땅이 단단하지 않으면 갈라지거나 가라앉을 수도 있습니다.
1173년에 이탈리아의 피사에서 '피사 대성당'을 지을 때
성당의 종을 치는 '종탑'을 성당 옆에 따로 짓기로 했습니다.
그런데 공사 도중 땅의 한쪽이 가라앉으면서 탑이 기울어지는 바람에
깜짝 놀란 인부들은 3층까지만 쌓고 공사를 멈추었지요.
그 후 200년 동안 조심스럽게 탑을 쌓아 올리다가
1360년에 8층까지 짓고 급하게 공사를 끝냈습니다.

하지만 탑은 여전히 기울어진 상태였지요.
그냥 잘못 지은 건물 중 하나로 남을 수도 있었을 텐데,
특이하게도 이 탑은 **피사의 사탑**(기울어진 탑)이라는 별명까지 얻으면서
피사 대성당보다 훨씬 유명해졌답니다.
물론 '건물을 짓기 전에 땅부터 단단하게 다져야 한다'는
값진 교훈도 함께 남겼지요.

종탑 주제에 나보다 유명하다는 게 말이 되냐?
이건 불공평해!

정 억울하면 나처럼 기울어지시던가….

사람들은 지난 수천 년 동안 건물을 지을 때
나무와 벽돌 그리고 커다란 바위를 사용해 왔습니다.
그러다가 1880년대에 단단하고 큰 철(쇠)을 만드는 기술이 개발되어
드디어 철을 이용한 건축물이 지어지기 시작했지요.
1889년, 프랑스에서 제일 큰 도시인 파리의 한복판에
순전히 철로 만든 탑이 세워졌습니다. 바로 그 유명한 **에펠탑**이지요.
탑의 높이는 324미터로, 당시 세계에서 제일 높은 건물보다 두 배나 높았답니다.

사실 파리 사람들은 에펠탑을 별로 좋아하지 않았습니다.
오히려 에펠탑 때문에 도시 풍경이 망가졌다며 불평을 늘어놓았지요.
하지만 에펠탑은 단 2년 만에 지었는데도
100년 동안 돌을 쌓아서 지은 건물 못지않게 튼튼했습니다.
그 후로 철을 이용한 큰 건물이 세계 곳곳에 등장하면서
도시는 삐죽삐죽한 고층 건물로 가득 차게 됩니다.

지금으로부터 2000년 전에 세계 인구는 약 2억 명이었다가
300년 전에는 10억 명이 되었습니다.
그런데 그 후 300년 사이에 무려 80억 명으로 늘어났지요.
과학 기술이 발달해 세상이 살기 좋아지면서
짧은 시간 동안 인구가 갑자기 많아진 것입니다.
그리고 이 많은 사람들이 한적한 시골을 떠나
집, 학교, 회사 등이 모여 있는 큰 도시로 모여들기 시작했지요.

도시에 사람이 많아지면 큰 건물을 지어야 하는데,
땅이 좁아서 넓게 짓기 어려우니, 무조건 높게 짓는 수밖에 없습니다.
그런데 돌로 지으면 벽이 너무 두꺼워서 건물 안이 좁아지기 때문에,
벽은 얇으면서 높은 건물을 지을 수 있는 새로운 재료가 필요했습니다.
그리고 건물 꼭대기에 있는 집을 매일 계단으로 오르내릴 수도 없으니,
사람이나 물건을 높은 곳으로 올려 주는 장치도 필요했지요.

'얇고 높은 건물'을 지을 수 있게 된 건 철근 콘크리트 덕분이었습니다.
콘크리트는 시멘트와 모래와 자갈을 섞은 건축 재료인데,
그 속에 쇠로 만든 기다란 막대(철근)를 심은 것이 **철근 콘크리트**입니다.
철근은 사람의 몸속에 있는 뼈의 역할을 하고,
콘크리트는 뼈를 에워싸고 있는 살과 근육하고 비슷하지요.

건물의 높은 층에 쉽게 올라가려면 어떻게 해야 할까요?
여러분은 이렇게 생각할 겁니다. "그야 엘리베이터를 타면 되지!"
물론 맞는 말입니다. 하지만 150년 전까지만 해도
사람들은 모든 건물을 계단으로 오르내렸습니다.
1853년에 엘리샤 오티스라는 미국의 발명가가
도중에 줄이 끊어져도 추락하지 않는 엘리베이터를 발명한 후로
사람들은 마음 놓고 높은 건물을 지을 수 있게 되었답니다.
엘리베이터가 없는 고층 건물이라, 생각만 해도 끔찍하지요?

1931년, 미국의 뉴욕시 한복판에 괴물 같은 건물이 등장했습니다.
당시 세계에서 제일 높은 102층짜리 **엠파이어 스테이트 빌딩**이었지요.
옛날에는 성당 하나를 짓는 데 수백 년이 걸렸지만,
이 큰 건물을 짓는 데에는 단 1년밖에 걸리지 않았답니다.
재료를 높이 들어 올리는 엘리베이터와 기중기˙덕분이었지요.
이때부터 다른 나라들도 앞다퉈 고층 건물을 짓기 시작했고,
도시의 풍경은 수십 년 사이에 몰라볼 정도로 달라졌습니다.

● **기중기**   전기의 힘으로 무거운 물건을 들어 올려 아래위나 좌우로 이동시키는 기계.

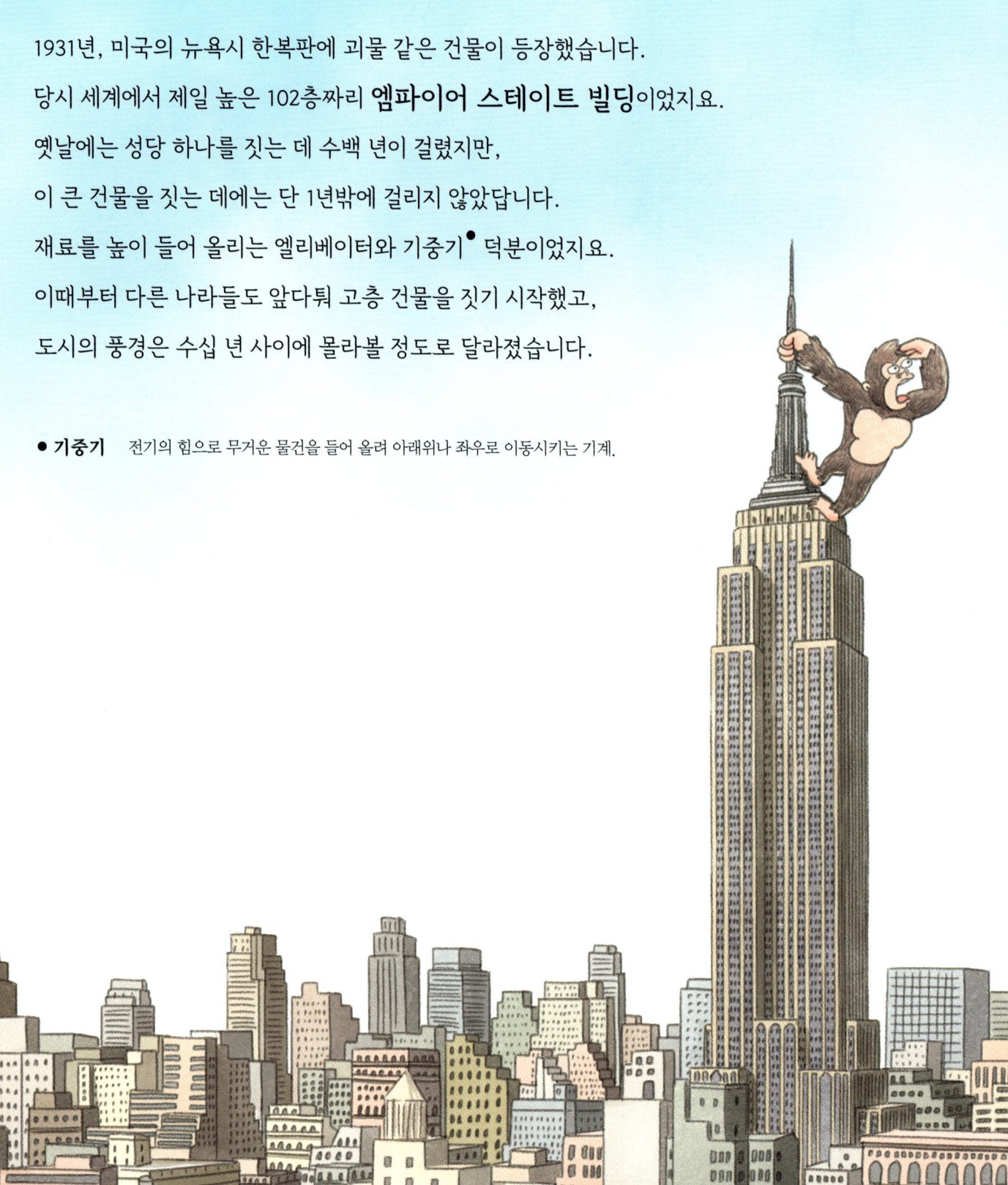

우리나라는 땅이 좁은데 인구가 많아서

사람들이 사는 집도 고층 건물을 닮아 가고 있습니다.

여러 사람들이 한 건물에 모여 사는 아파트가 대표적 사례지요.

높은 곳에서 내려다보면 마치 썰어 놓은 두부처럼 똑같이 생겼습니다.

옛날 집보다 멋이 없고 개성도 없지만, 살기에는 훨씬 편리합니다.

지금도 도시에는 사람이 계속 많아지고 있으니

고층 건물로 뒤덮인 풍경은 한동안 변하지 않을 것입니다.

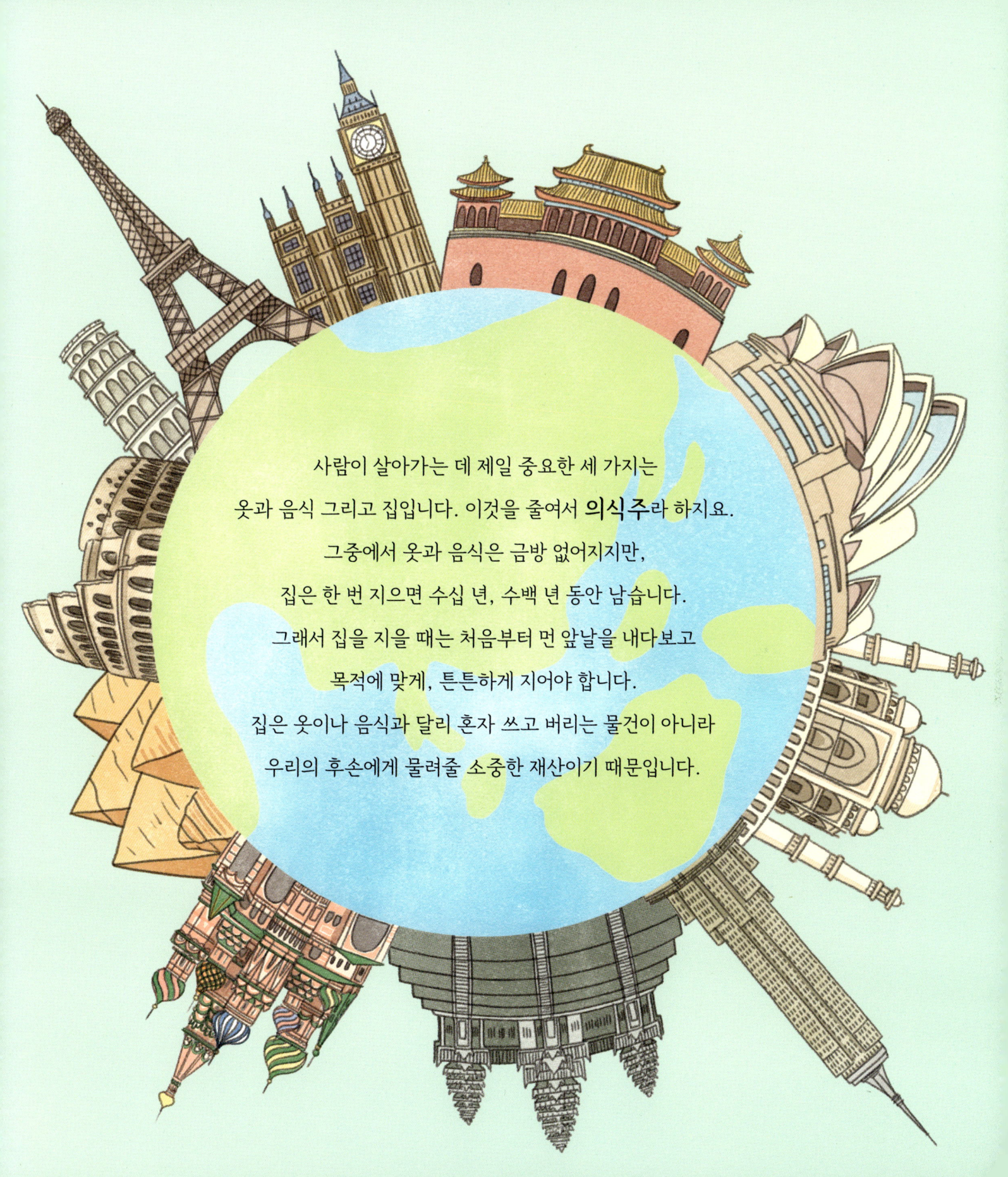

사람이 살아가는 데 제일 중요한 세 가지는
옷과 음식 그리고 집입니다. 이것을 줄여서 **의식주**라 하지요.
그중에서 옷과 음식은 금방 없어지지만,
집은 한 번 지으면 수십 년, 수백 년 동안 남습니다.
그래서 집을 지을 때는 처음부터 먼 앞날을 내다보고
목적에 맞게, 튼튼하게 지어야 합니다.
집은 옷이나 음식과 달리 혼자 쓰고 버리는 물건이 아니라
우리의 후손에게 물려줄 소중한 재산이기 때문입니다.

 나의 첫 과학 클릭!

아주 높거나 특이한 건물

건물이 얼마나 높아야 '초고층 건물'이라고 할 수 있을까요?

정확한 기준은 없지만 높이가 대략 150미터 이상, 층수로 약 50층 이상인 건물을

초고층 건물이라고 합니다.

대도시는 땅값이 워낙 비싸서 넓은 건물을 짓기가 어렵기 때문에

자꾸만 위로 높아지는 것이지요.

그래서 규모가 큰 회사들은 20세기 초부터 앞다퉈 초고층 건물을 지어 왔습니다.

현재 세계에서 제일 높은 건물은 아랍 에미리트의 두바이에 있는

'부르즈 칼리파'라는 건물인데, 높이가 무려 828미터나 됩니다.

부르즈 칼리파

상하이 타워

롯데 월드 타워

두 번째로 높은 건물은 중국 상하이에 있는 상하이 타워(632미터)이고,
우리나라 서울에 있는 롯데 월드 타워(554.5미터)는 세계에서 다섯 번째로 높습니다.
물론 초고층 건물이 무조건 좋은 것은 아닙니다.
건물을 높게 지으려면 태풍이나 지진에 견디도록 주의를 기울여야 하고,
드나드는 사람이 워낙 많으니 엘리베이터도 특별하게 설계해야 합니다.
요즘은 초고층 건물이 워낙 많아서, 높이보다는 특이한 모습으로
시선을 끄는 건물도 많이 생겼습니다.
사우디아라비아에 건설 중인 꽈배기 모양의 '알 마사 타워'와
폴란드에 있는 '삐뚤어진 집'은 도저히 그냥 지나칠 수 없는 희한한 모습을 하고 있고,
미국 오하이오주의 롱거버거 빌딩과 캔자스 시립 도서관은
겉모습만 봐도 무엇을 위한 건물인지 금방 알 수 있답니다.

삐뚤어진 집

롱거버거 빌딩(바구니 제조 회사)

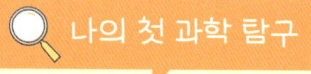 나의 첫 과학 탐구

신데렐라 성의 비밀

디즈니 만화 영화가 시작할 때 화면을 가득 채우면서 등장하는 동화 같은 성,
모두들 한 번쯤 본 적 있지요?
신데렐라가 무도회에 참가하기 위해 찾아갔던 그 성은
실제로 존재하는 성을 모델 삼아서 그린 것이랍니다.
독일의 퓌센이라는 곳에 있는 '노이슈반슈타인성'이 바로 그 주인공이지요.
이 성의 주인은 독일 바이에른 왕국의 네 번째 왕인 루트비히 2세였습니다.

노이슈반슈타인성

19살의 젊은 나이에 왕위에 오른 그는 정치보다 신화나 예술에 관심이 많았는데,
이미 왕궁이 있는데도 사냥을 위한 별장이 필요하다며
퓌센의 높은 언덕 위에 노이슈반슈타인 성을 짓기 시작했지요.
이 성은 겉모습도 아름답지만 내부 장식도 화려하기 그지없습니다.
침실 세면대에는 백조의 주둥이에서 물이 흘러나오는 백조의 샘이 설치되어 있고,
곳곳이 금으로 덮여 있어서 눈이 부실 정도입니다.
그러나 안타깝게도 루트비히 2세는 성이 완성되기 4년 전인 1886년에
41살의 젊은 나이로 세상을 떠나고 말았습니다.
그 후 독일 왕실은 노이슈반슈타인성의 공사를 마무리하긴 했는데,
지나치게 사치스럽다고 생각했는지 왕의 별장으로 쓰는 대신
일반 백성들에게 공개하기로 결정했습니다.
그 덕분에 사람들은 이 동화 같은 성의 내부를 구경할 수 있게 되었지요.
성 안에 들어가면 신데렐라와 왕자가 웃으며 맞이해 줄 것 같은
느낌이 든다고 합니다. 여러분도 기회가 닿으면 꼭 한번 찾아가 보세요.

성 내부의 화려한 장식들

글 박병철

연세대학교 물리학과를 졸업하고 한국과학기술원(KAIST)에서 이론물리학 박사 학위를 받았습니다. 30년 가까이 대학에서 학생들을 가르쳤으며 지금은 집필과 번역에 전념하고 있습니다. 어린이 과학동화 《별이 된 라이카》, 《생쥐들의 뉴턴 사수 작전》, 《외계인 에어로, 비행기를 만들다!》를 썼습니다. 2005년 제46회 한국출판문화상, 2016년 제34회 한국과학기술도서상 번역상을 수상했으며, 옮긴 책으로는 《프린키피아》, 《페르마의 마지막 정리》, 《파인만의 물리학 강의》, 《평행우주》, 《신의 입자》, 《슈뢰딩거의 고양이를 찾아서》 등 100여 권이 있습니다.

그림 이니드 (이은미)

좋은 그림을 그리고 싶어 고민하고 노력하는 중입니다. 그린 책으로 《망고나무와 젊은이》, 《나의 어린, 고래에게》, 《제주도에서 태양을 보다》, 《새싹이 돋는 시간》, 《푸름아빠 거울육아》, 《우리 조상의 유배 이야기》, 《바다 쓰레기의 비밀》, 《반구대 암각화 이야기》 등이 있습니다.

나의 첫 과학책 16 — 건축의 발달

1판 1쇄 발행일 2023년 9월 25일 | 1판 2쇄 발행일 2024년 1월 22일
글 박병철 | 그림 이니드 | 발행인 김학원 | 편집 이주은 | 디자인 기하늘
저자·독자 서비스 humanist@humanistbooks.com | 용지 화인페이퍼 | 인쇄 삼조인쇄 | 제본 다인바인텍
발행처 휴먼어린이 | 출판등록 제313-2006-000161호(2006년 7월 31일) | 주소 (03991) 서울시 마포구 동교로23길 76(연남동)
전화 02-335-4422 | 팩스 02-334-3427 | 홈페이지 www.humanistbooks.com
사진 출처 부르즈 칼리파 ⓒ Donaldytong / Wikipedia / CC BY-SA 3.0
상하이 타워 ⓒ atiger 삐뚤어진 집 ⓒ Kersti Lindstrom / Shutterstock
롱거버거 빌딩 ⓒ CJM Grafx 노이슈반슈타인 성 내부 ⓒ Patryk Kosmider / Shutterstock

글 ⓒ 박병철, 2023 그림 ⓒ 이니드, 2023
ISBN 978-89-6591-521-8 74400
ISBN 978-89-6591-456-3 74400(세트)

- 이 책은 저작권법에 따라 보호받는 저작물이므로 무단 전재와 무단 복제를 금합니다.
- 이 책의 전부 또는 일부를 이용하려면 반드시 저작권자와 휴먼어린이 출판사의 동의를 받아야 합니다.
- 사용연령 6세 이상 종이에 베이거나 긁히지 않도록 조심하세요. 책 모서리가 날카로우니 던지거나 떨어뜨리지 마세요.